KB126998

수학과 교육과정에서 초등학교 수학 내용은 '수와 연산', '도형', '측정', '규칙성', '자료와 가능성'의 5개 영역으로 구성되는데, 우리가 이 교재에서 다룰 영역은 '도형·측정'입니다.

'도형' 영역에서는 평면도형과 입체도형의 개념, 구성요소, 성질과 공간감각을 다룹니다. 평면도형이나 입체도형의 개념과 성질에 대한 이해는 실생활 문제를 해결하는 데 기초가 되며, 수학의 다른 영역의 개념과 밀접하게 관련되어 있습니다. 또한 도형을 다루는 경험으로부터 비롯되는 공간감각은 수학적 소양을 기르는 데 도움이 됩니다.

'측정' 영역에서는 시간, 길이, 들이, 무게, 각도, 넓이, 부피 등 다양한 속성의 측정과 어림을 다룹니다. 우리 생활 주변의 측정 과정에서 경험하는 양의 비교, 측정, 어림은 수학 학습을 통해 길러야 할 중요한 기능이고, 이는 실생활이나 타 교과의 학습에서 유용하게 활용되며, 또한 측정을 통해 길러지는 양감은 수학적 소양을 기르는 데 도움이 됩니다.

이 책의 특징

1. 부족한 부분에 대한 집중 연습이 가능

도형·측정 영역은 직관적으로 쉽다고 느끼는 아이들도 있지만, 많은 아이들이 수·연산 영역에 비해 많이 어려워합니다.

길이, 무게, 넓이 등의 여러 속성을 비교하거나 어림해야 할 때는 섬세한 양감능력이 필요하고, 입체도형의 겉넓이나 부피를 구해야 할 때는 도형의 속성, 전개도의 이해는 물론 계산능력까지도 필요합니다. 도형을 돌리거나 뒤집는 대칭이동을 알아볼 때는 실제 해본 경험을 토대로 하여 형성된 추론능력이 필요하기도 합니다.

다른 여러 영역에 비해 도형·측정 영역은 이렇게 종합적이고 논리적인 사고와 직관력을 동시에 필요로 하기 때문에 문제 상황에 익숙해지기까지는 당황스러울 수밖에 없습니다. 하지만 절대 걱정할 필요가 없습니다.

기초부터 차근차근 쌓아 올라가야만 다른 단계로의 확장이 가능한 수·연산 등 다른 영역과 달리, 도형·측정 영역은 각각의 내용들이 독립성 있는 경우가 대부분이어서 부족한 부분만 집중 연습해도 충분히 그 부분의 완성도 있는 학습이 가능하기 때문입니다.

이번에 기탄에서 출시한 기탄영역별수학 도형·측정편으로 부족한 부분을 선택하여 집중적으로 연습해 보세요. 원하는 만큼 실력과 자신감이 쑥쑥 향상됩니다.

2. 학습 부담 없는 알맞은 분량

내게 부족한 부분을 선택해서 집중 연습하려고 할 때, 그 부분의 학습 분량이 너무 많으면 부담 때문에 시작하기조차 힘들 수 있습니다.

무조건 문제 수가 많은 것보다 학습의 흥미도를 떨어뜨리지 않는 범위 내에서 필요한 만큼 충분한 양일 때 학습효과가 가장 좋습니다.

기탄영역별수학 도형·측정편은 다루어야 할 내용을 세분화하여, 한 가지 내용에 대한 학습량도 권당 80쪽, 쪽당 문제 수도 3~8문제 정도로 여유 있게 배치하여 학습 부담을 줄이고 학습효과는 높였습니다.

학습자의 상태를 가장 많이 고민한 책, 기탄영역별수학 도형·측정편으로 미루어 두었던 수학에의 도전을 시작해 보세요.

이 책의 구성

★ **본 학습**

제목을 통해 이번 차시에서 학습해야 할 내용이 무엇인지 짚어 보고, 그것을 익히기 위한 최적화된 연습문제를 반복해서 집중적으로 풀어 볼 수 있습니다.

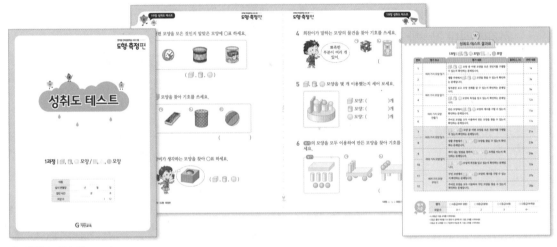

★ **성취도 테스트**

성취도 테스트는 본문에서 집중 연습한 내용을 최종적으로 한번 더 확인해 보는 문제들로 구성되어 있습니다. 성취도 테스트를 풀어 본 후, 결과표에 내가 맞은 문제인지 틀린 문제인지 체크를 해가며 각각의 문항을 통해 성취해야 할 학습목표와 학습내용을 짚어 보고, 성취된 부분과 부족한 부분이 무엇인지 확인합니다.

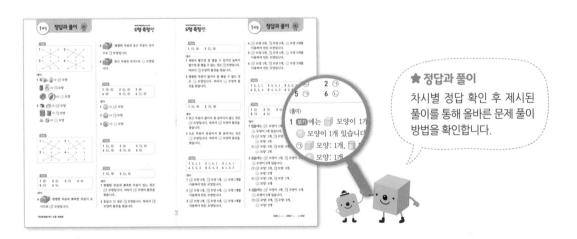

★ **정답과 풀이**

차시별 정답 확인 후 제시된 풀이를 통해 올바른 문제 풀이 방법을 확인합니다.

기탄영역별수학
도형·측정편

·**평면도형**
·**원**

8
과정

기초부터 탄탄하게
기탄교육

차례
contents

도형·측정편

1a

선의 종류

이름 :
날짜 :
시간 :   :   ~   :

🐸 선의 종류 ①

1 곧은 선과 굽은 선으로 분류해 보세요.

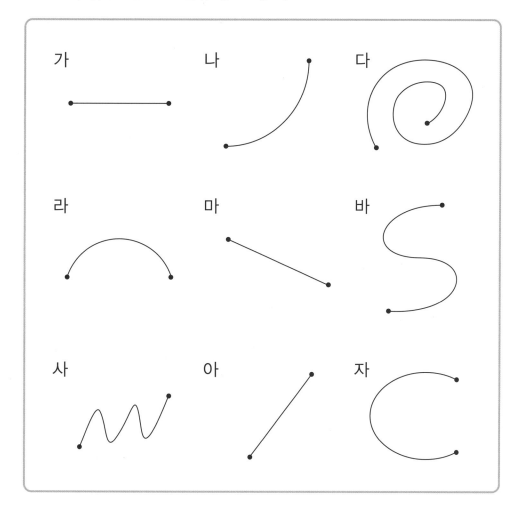

곧은 선	굽은 선

★ 선분을 찾아 ○표 하세요.

2

(   )   (   )   (   )

> 두 점을 곧게 이은 선을
> 선분이라고 합니다.

3

(   )   (   )   (   )

4

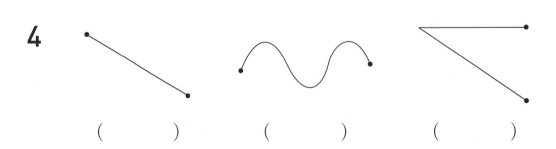

(   )   (   )   (   )

선의 종류

🐸 선의 종류 ②

★ 반직선을 찾아 ◯표 하세요.

1

(   )   (   )   (   )

한 점에서 시작하여
한쪽으로 끝없이 늘인 곧은 선을
반직선이라고 합니다.

2

(   )   (   )   (   )

3

(   )   (   )   (   )

★ 직선을 찾아 ○표 하세요.

4

( ) ( )  ( )

선분을 양쪽으로 끝없이 늘인 곧은 선을 직선이라고 합니다.

5

( ) ( )  ( )

6

( ) ( ) ( )

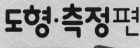
선의 종류

🐸 선의 종류 ③

★ 도형의 이름을 써 보세요.

1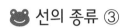

선분 ㄱㄴ

2

3 ㄷ ━━●━━━━━● ㄹ

4 ㄹ ━●━━━━━━● ㅁ ━

★ 도형의 이름을 써 보세요.

5

6

7

8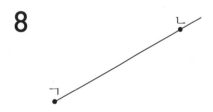

선의 종류

🐸 선분, 반직선, 직선 그리기

★ 다음에서 제시하는 선분, 반직선, 직선을 그어 보세요.

1 직선 ㄱㄴ

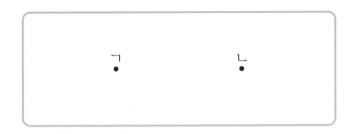

2 반직선 ㅁㅂ

반직선 ㅁㅂ은
반직선 ㅂㅁ과
다릅니다.

3 선분 ㄷㄹ

★ 다음에서 제시하는 선분, 반직선, 직선을 그어 보세요.

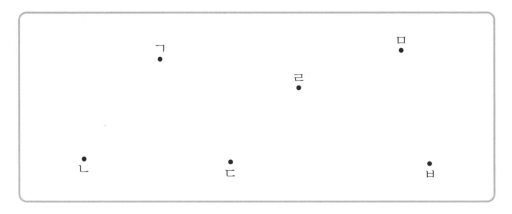

4   선분 ㄷㅂ

5   직선 ㄹㅁ

6   반직선 ㄱㄴ

각 알기

😛 각 찾기

★ 다음 그림에서 각이 있는 부분을 찾아 ○표 하세요.

1

2

3

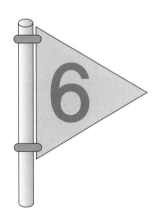

4

5 각을 모두 찾아 ○표 하세요.

도형·측정편

6a

각 알기

🐸 각 읽기

★ 도형의 이름을 써 보세요.

1

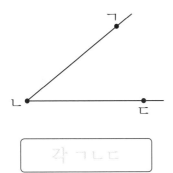

각 ㄱㄴㄷ

2

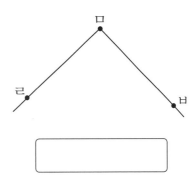

각을 읽을 때에는 꼭짓점이
가운데 오도록 읽습니다.

3

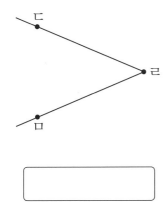

4

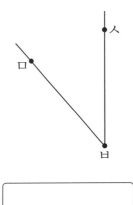

★ 도형의 이름을 써 보세요.

5

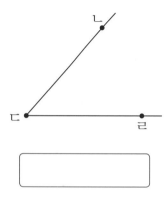

6

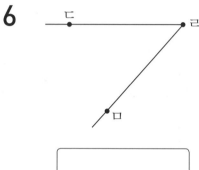

7

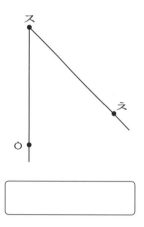

8

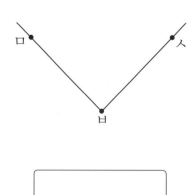

각 알기

이름 :

날짜 :

시간 :   :   ~   :

🐸 각 그리기

★ 점들을 서로 이어서 각을 그려 보세요.

1 각 ㄱㄴㄷ

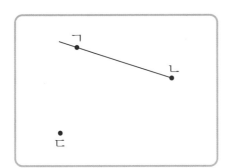

2 각 ㄴㄱㄷ

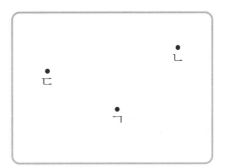

3 각 ㄹㅁㅂ

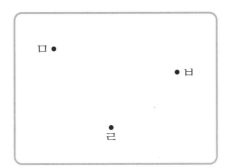

4 각 ㄷㄹㅁ

영역별 반복집중학습 프로그램

★ 점들을 서로 이어서 각을 그려 보세요.

5 각 ㄴㄷㄱ

ㄴ•

•ㄷ

ㄱ•

6 각 ㅂㅅㅁ

ㅅ•

•ㅁ

ㅂ•

7 각 ㄹㄴㄷ

ㄴ•   •ㄹ

ㄷ•

8 각 ㅁㄹㅂ

ㅁ•

ㄹ•   •ㅂ

각 알기

🐸 각의 개수 세기

★ 그림을 보고 각이 몇 개인지 써 보세요.

1

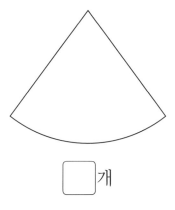

[ ]개

2

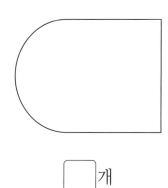

[ ]개

3

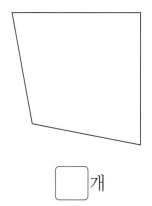

[ ]개

4

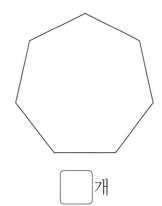

[ ]개

★ 각이 가장 많은 도형을 찾아 기호를 써 보세요.

5

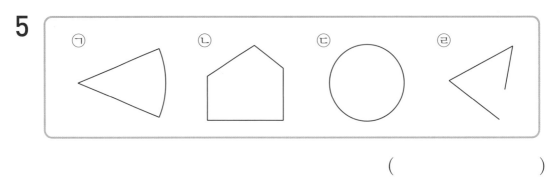

(   )

6

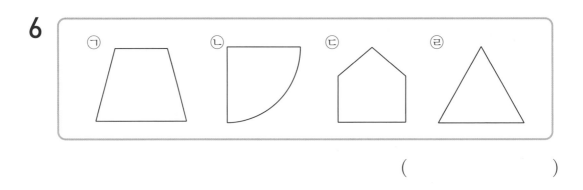

(   )

7

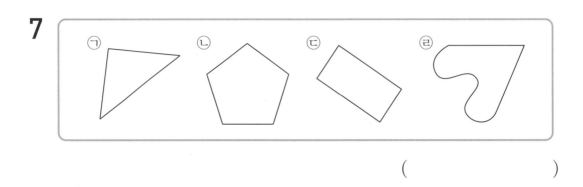

(   )

도형·측정편

9a

직각 알기

이름 :

날짜 :

시간 :   :   ~   :

🐸 **직각 찾기**

★ 직각인 것을 찾아 ○표 하세요.

1

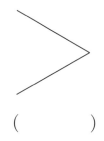   (   )

(   )

   (   )

 왼쪽 그림과 같이 직각 삼각자를 대었을 때 꼭 맞게 겹쳐지는 각을 직각이라 합니다.

2

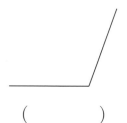   (   )

(   )

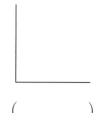   (   )

3

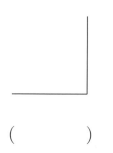   (   )

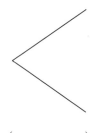   (   )

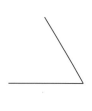   (   )

★ 직각을 찾아 └ 로 표시해 보세요.

4
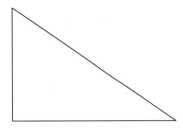

5
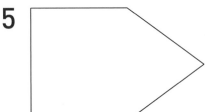

6
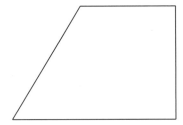

7

8
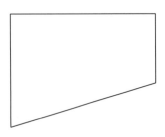

9
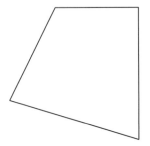

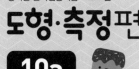
직각 알기

이름 :

날짜 :

시간 :   :   ~   :

🐸 직각 그리기

★ 점 종이에 그어진 선분을 이용하여 직각을 그려 보세요.

1

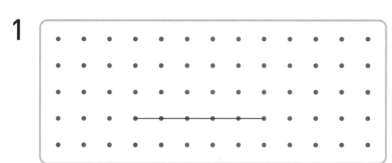

2

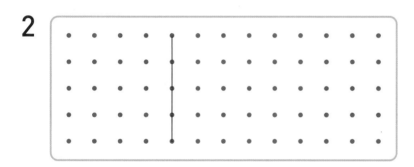

3

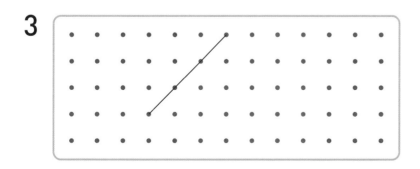

★ 직각 삼각자를 사용하여 점 ㄴ을 꼭짓점으로 하고 주어진 선분을 한 변
으로 하는 직각을 그려 보세요.

4

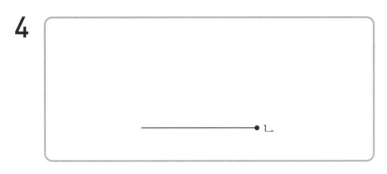

5

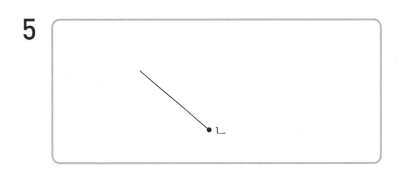

6

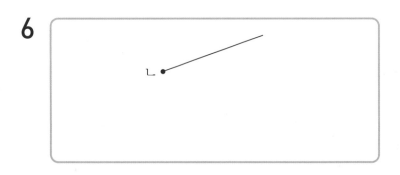

🐸 직각 개수 세기

★ 도형에서 직각을 찾아 직각이 모두 몇 개인지 써 보세요.

1

[ ] 개

2

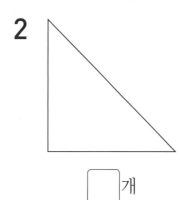

[ ] 개

3

[ ] 개

4

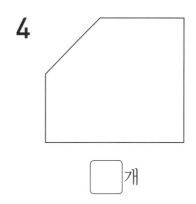

[ ] 개

★ 도형에서 직각을 찾고 직각이 모두 몇 개인지 써 보세요.

5

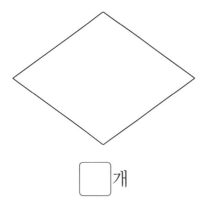

☐ 개

6

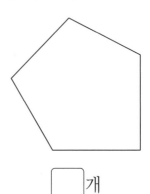

☐ 개

7

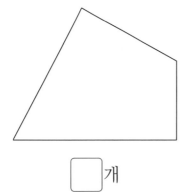

☐ 개

8

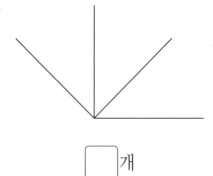

☐ 개

도형·측정편

12a

직각삼각형 알기

이름 :

날짜 :

시간 :   :   ~   :

🐸 직각삼각형 찾기

★ 직각삼각형을 찾아 ○표 하세요.

1

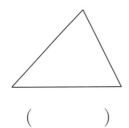

(   )   (   )   (   )

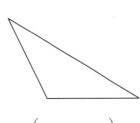

한 각이 직각인 삼각형을 직각삼각형이라고 합니다.

2

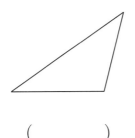   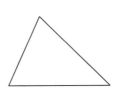   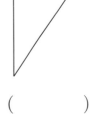

(   )   (   )   (   )

3

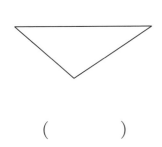   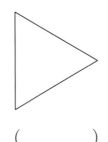   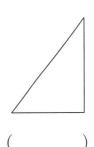

(   )   (   )   (   )

★ 직각삼각형을 모두 찾아 기호를 써 보세요.

4

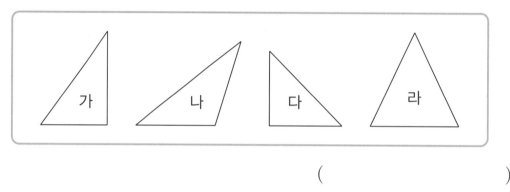

(   )

5

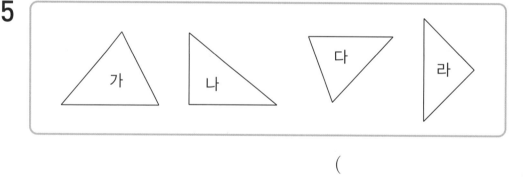

(   )

6

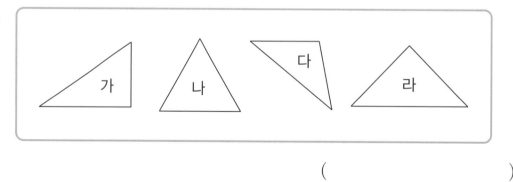

(   )

직각삼각형 알기

이름 :

날짜 :

시간 :   :   ~   :

🐸 직각삼각형 그리기

★ 삼각형 ㄱㄴㄷ의 꼭짓점 ㄱ을 옮겨 직각삼각형을 만들려면 어느 점으로 옮겨야 하는지 번호를 써 보세요.

1

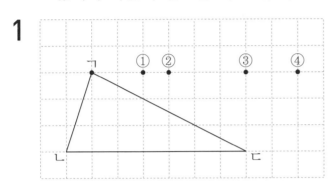

(   )

2

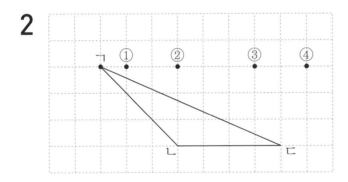

(   )

3

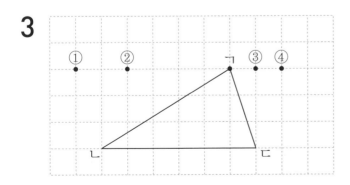

(   )

★ 점 종이에 주어진 선분을 한 변으로 하는 직각삼각형을 그려 보세요.

4

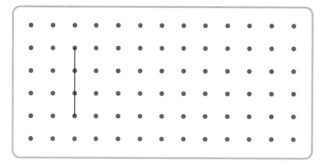

5

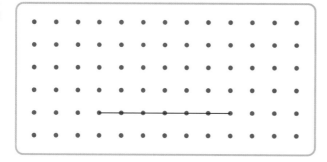

6

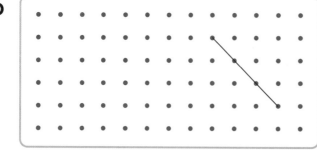

도형·측정편

14a

직각삼각형 알기

이름 :

날짜 :

시간 :　　:　　~　　:

🐸 **직각삼각형 개수 세기**

★ 선을 따라 잘랐을 때 직각삼각형이 몇 개 만들어지는지 써 보세요.

1

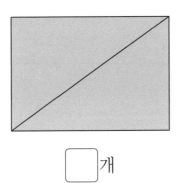

☐ 개

2

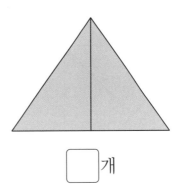

☐ 개

3

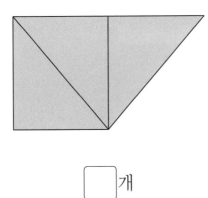

☐ 개

4

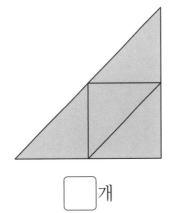

☐ 개

14b

영역별 반복집중학습 프로그램

★ 그림에서 찾을 수 있는 크고 작은 직각삼각형은 모두 몇 개인지 알아보세요.

5
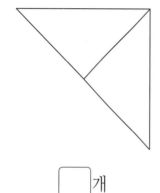
□ 개

6
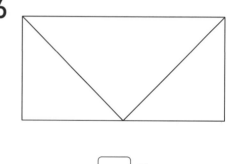
□ 개

7
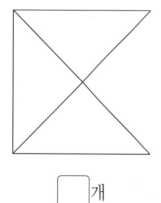
□ 개

8
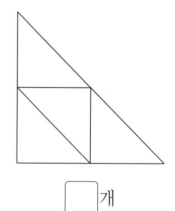
□ 개

기탄영역별수학 | 도형·측정편

직사각형 알기

이름 :

날짜 :

시간 :   :   ~   :

🐸 직사각형 찾기

★ 직사각형을 찾아 ○표 하세요.

1

(   )

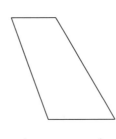

(   )

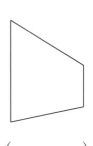

(   )

네 각이 모두 직각인 사각형을
직사각형이라고 합니다.

2

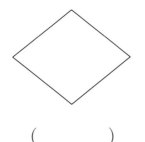

(   )

(   )

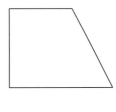

(   )

3

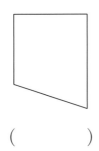

(   )

(   )

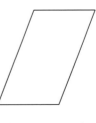

(   )

★ 직사각형을 찾아 기호를 써 보세요.

4

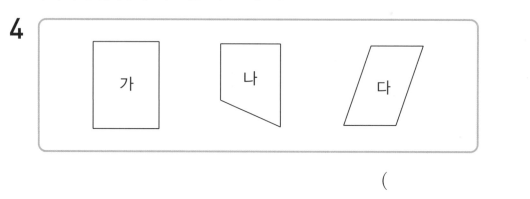

(   )

5

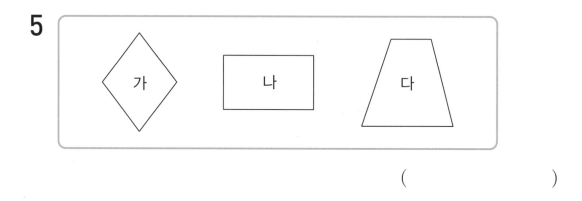

(   )

6

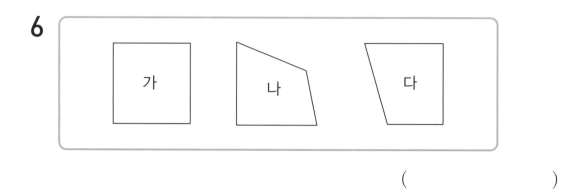

(   )

직사각형 알기

이름 :

날짜 :

시간 :   :   ~   :

🐸 직사각형 그리기

★ 점 종이에 주어진 선분을 한 변으로 하는 직사각형을 그려 보세요.

1

2

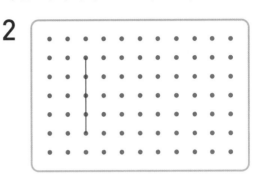

3

4

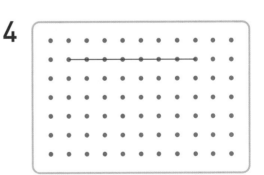

★ 주어진 선분을 이용하여 직각 삼각자로 직사각형을 그려 보세요.

5

6

7
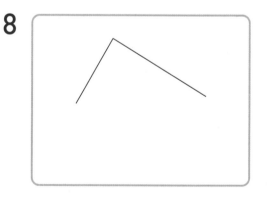

8

영역별 반복집중학습 프로그램

도형·측정편

17a

직사각형 알기

이름 :

날짜 :

시간 :   :   ~   :

🐸 **직사각형 개수 세기**

★ 선을 따라 잘랐을 때 직사각형이 몇 개 만들어지는지 써 보세요.

1

☐개

2

☐개

3

☐개

4

☐개

★ 그림에서 찾을 수 있는 크고 작은 직사각형은 모두 몇 개인지 알아보세요.

5

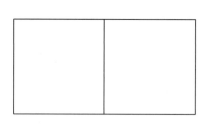

◻ 개

6

◻ 개

7

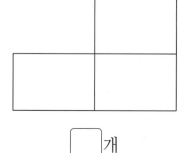

◻ 개

8

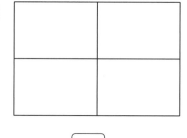

◻ 개

도형·측정편

18a

정사각형 알기

🐸 **정사각형 찾기**

1 정사각형을 모두 찾아 ○표 하세요.

네 각이 모두 직각이고 네 변의 길이가 모두 같은 사각형을 정사각형이라고 합니다.

(   )　　(   )　　(   )

(   )　　(   )　　(   )

(   )　　(   )　　(   )

★ 정사각형을 모두 찾아 기호를 써 보세요.

2

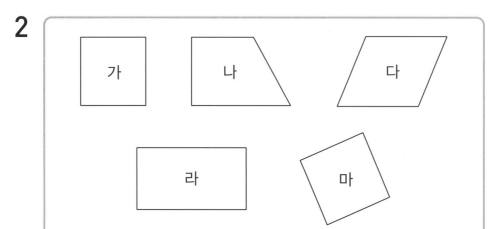

가　나　다

라　마

(　　　　　　　)

3

가　나　다

라　마　바

(　　　　　　　)

도형·측정편

19a

정사각형 알기

이름 :
날짜 :
시간 :   :   ~   :

🐸 **정사각형 그리기**

★ 점 종이에 주어진 선분을 한 변으로 하는 정사각형을 그려 보세요.

1

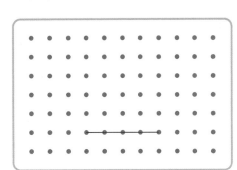

2

3

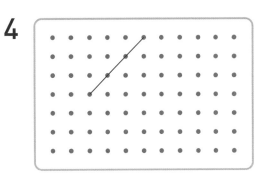

4

★ 주어진 선분을 이용하여 직각 삼각자로 정사각형을 그려 보세요.

5

6

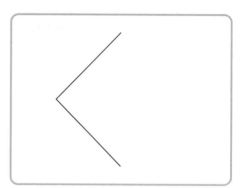

7

8

정사각형 알기

이름 :

날짜 :

시간 : : ~ :

🐸 정사각형 개수 세기

★ 선을 따라 잘랐을 때 정사각형이 몇 개 만들어지는지 써 보세요.

1

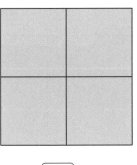

☐ 개

2

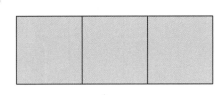

☐ 개

3

☐ 개

4

☐ 개

★ 그림에서 찾을 수 있는 크고 작은 정사각형은 모두 몇 개인지 알아보세요.

5

☐개

6

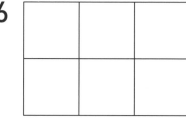

☐개

7

☐개

8

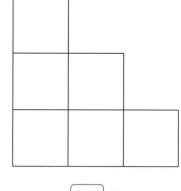

☐개

영역별 반복집중학습 프로그램

도형·측정편
21a

원의 요소

😄 원의 중심, 반지름, 지름

★ ☐ 안에 알맞은 말을 써넣으세요.

1

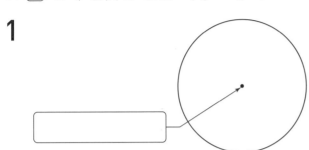

원 안쪽 한가운데에 있는 점은 원 위의 모든 점으로부터 같은 거리에 있습니다. 이 점을 이 원의 중심이라고 합니다.

2

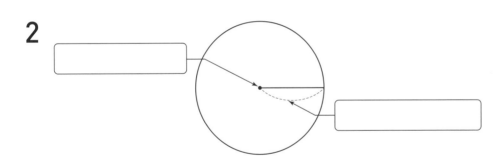

3

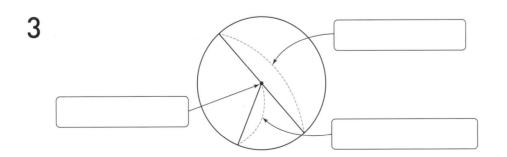

영역별 반복집중학습 프로그램

★ 그림을 보고 알맞은 것을 찾아 기호를 써 보세요.

4

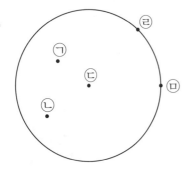

원의 중심 (   )

5

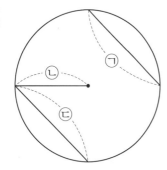

원의 반지름 (   )

6

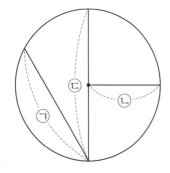

원의 반지름 (   )
원의 지름 (   )

기탄영역별수학 | 도형·측정편

도형·측정편

22a

이름 :

날짜 :

시간 :　:　~　:

원의 요소

🐸 원의 반지름, 지름 구하기

★ 그림을 보고 원의 반지름이 몇 cm인지 써 보세요.

1

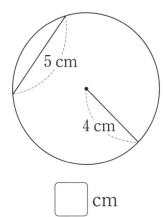

5 cm

4 cm

◻ cm

2

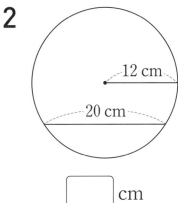

12 cm

20 cm

◻ cm

3

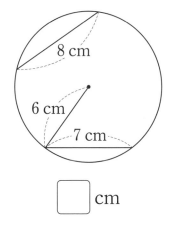

8 cm

6 cm

7 cm

◻ cm

4

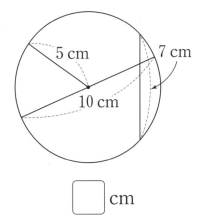

5 cm

7 cm

10 cm

◻ cm

★ 그림을 보고 원의 지름이 몇 cm인지 써 보세요.

5

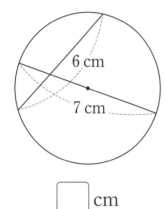

[ ] cm

6

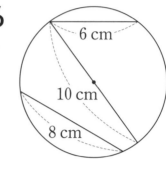

[ ] cm

7

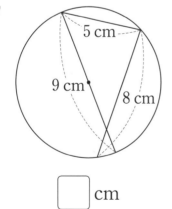

[ ] cm

8

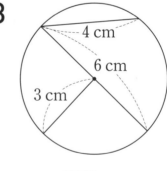

[ ] cm

도형·측정편

23a

원의 요소

이름 :

날짜 :

시간 :   :   ~   :

🐸 원의 반지름, 지름 그리기

★ 점을 이어 원의 반지름을 그려 보세요.

1

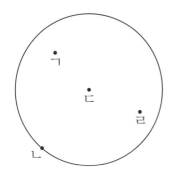

2

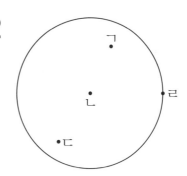

★ 점을 이어 원의 지름을 그려 보세요.

3

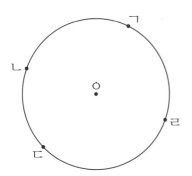

4

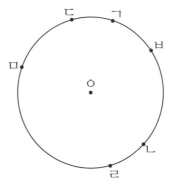

★ 원에 반지름을 3개씩 그려 보세요

5

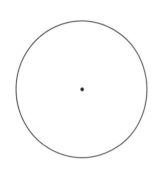

6

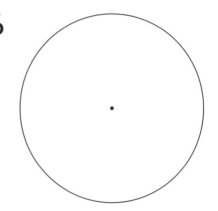

★ 원에 지름을 3개씩 그려 보세요

7

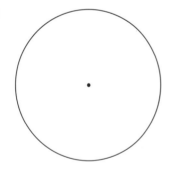

8

도형·측정편

24a

원의 성질

🐸 원의 반지름, 지름의 길이 재기

★ ㉠, ㉡, ㉢의 길이를 각각 재어 보세요.

1

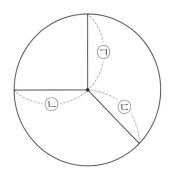

㉠ ☐ cm

㉡ ☐ cm

㉢ ☐ cm

2

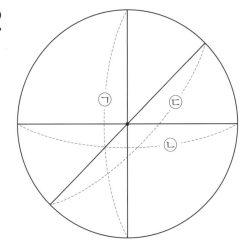

㉠ ☐ cm

㉡ ☐ cm

㉢ ☐ cm

영역별 반복집중학습 프로그램

★ 원의 반지름과 지름을 각각 그려서 그 길이를 재어 보세요.

3

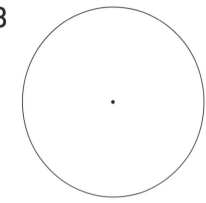

반지름 ☐ cm ☐ mm

지름 ☐ cm

4

반지름 ☐ cm

지름 ☐ cm

5

반지름 ☐ cm ☐ mm

지름 ☐ cm

도형·측정편

25a

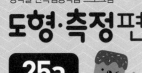

원의 성질

이름 :

날짜 :

시간 :   :   ~   :

🐸 원의 성질 ①

★ ☐ 안에 알맞은 수를 써넣으세요.

1

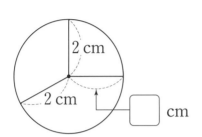

2 cm

2 cm

☐ cm

2

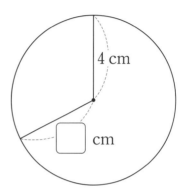

4 cm

☐ cm

3

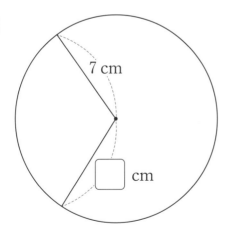

7 cm

☐ cm

4

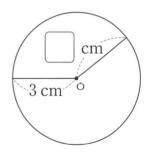

☐ cm

3 cm   ㅇ

영역별 반복집중학습 프로그램

★ ☐ 안에 알맞은 수를 써넣으세요.

5

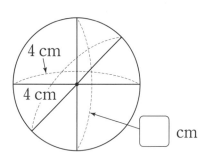

4 cm
4 cm
☐ cm

6

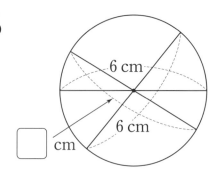

6 cm
6 cm
☐ cm

7

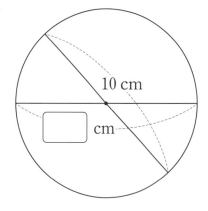

10 cm
☐ cm

8

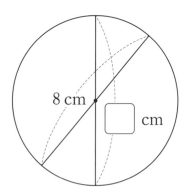

8 cm
☐ cm

도형·측정편

26a

원의 성질

이름 :

날짜 :

시간 :   :   ~   :

🐸 원의 성질 ②

★ ☐ 안에 알맞은 수를 써넣으세요.

1

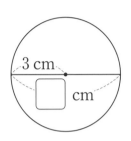

3 cm

☐ cm

2

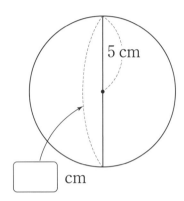

5 cm

☐ cm

3

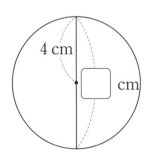

4 cm

☐ cm

4

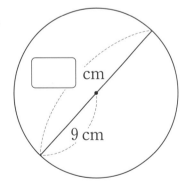

☐ cm

9 cm

한 원에서 지름의 길이는 반지름의 길이의 2배입니다.

★ ☐ 안에 알맞은 수를 써넣으세요.

5

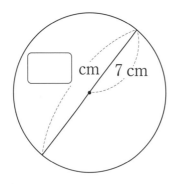

☐ cm　7 cm

6

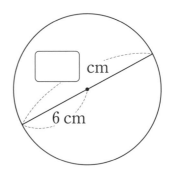

☐ cm

6 cm

7

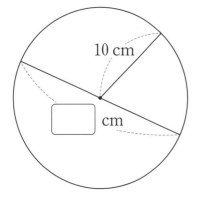

10 cm

☐ cm

8

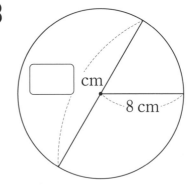

☐ cm　8 cm

도형·측정편

27a

원의 성질

🐸 원의 성질 ③

★ ☐ 안에 알맞은 수를 써넣으세요.

1

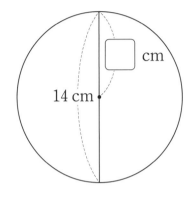

2

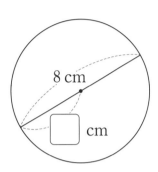

3

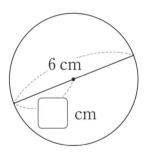

4

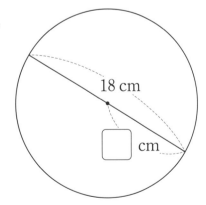

★ ☐ 안에 알맞은 수를 써넣으세요.

5

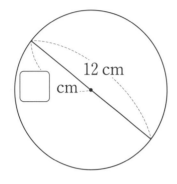

12 cm

☐ cm

6

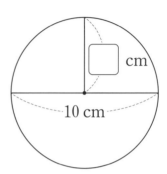

☐ cm

10 cm

7

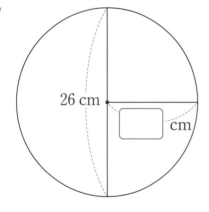

26 cm

☐ cm

8

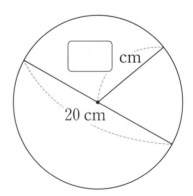

☐ cm

20 cm

도형·측정편

28a

원의 성질

이름 :

날짜 :

시간 : : ~ :

🐸 **원의 성질 활용 ①**

★ 그림을 보고 한 원의 지름과 반지름을 각각 구해 보세요.

1

8 cm

지름 ☐ cm

반지름 ☐ cm

2

24 cm

지름 ☐ cm

반지름 ☐ cm

3

30 cm

지름 ☐ cm

반지름 ☐ cm

★ 그림을 보고 한 원의 지름과 반지름을 각각 구해 보세요.

4

24 cm

지름 ⬜ cm

반지름 ⬜ cm

5

12 cm

지름 ⬜ cm

반지름 ⬜ cm

6

60 cm

지름 ⬜ cm

반지름 ⬜ cm

영역별 반복집중학습 프로그램

도형·측정편

29a

원의 성질

이름 :

날짜 :

시간 :   :   ~   :

🐸 원의 성질 활용 ②

★ 그림을 보고 큰 원의 지름을 구해 보세요.

1

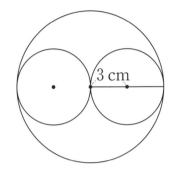

⬜ cm

2

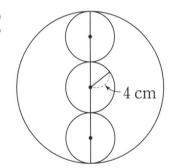

⬜ cm

3

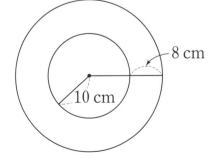

⬜ cm

★ 그림을 보고 가장 큰 원의 반지름을 구해 보세요.

4

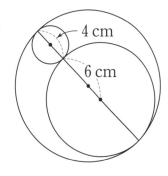
4 cm
6 cm

[ ] cm

5

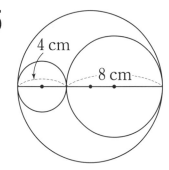
4 cm
8 cm

[ ] cm

6

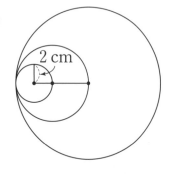
2 cm

[ ] cm

도형·측정편

원 그리기

이름 :

날짜 :

시간 :   :   ~   :

🐸 컴퍼스 보고 반지름, 지름 알기

★ 컴퍼스를 다음과 같이 벌려서 원을 그렸습니다.
반지름이 몇 cm인지 써 보세요.

컴퍼스를 벌려서 원을
그리면 다음과 같습니다.

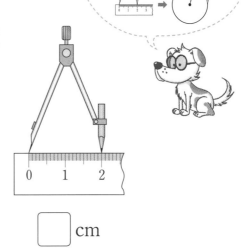

1

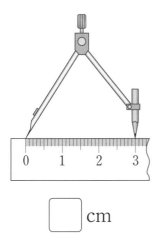

◻ cm

2

◻ cm

3

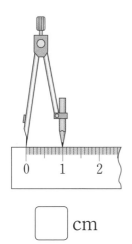

◻ cm

4

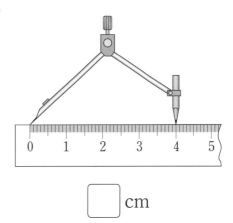

◻ cm

★ 컴퍼스를 다음과 같이 벌려서 원을 그렸습니다. 지름이 몇 cm인지 써 보세요.

5

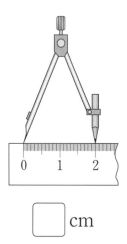

☐ cm

6

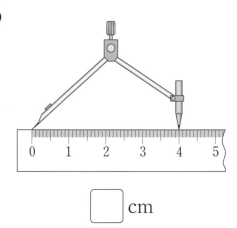

☐ cm

7

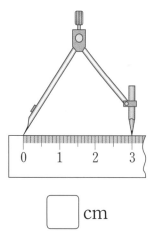

☐ cm

8

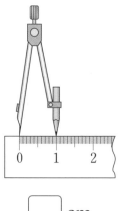

☐ cm

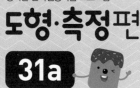
원 그리기

이름 :

날짜 :

시간 :   :   ~   :

🐸 반지름이 ☐cm인 원 그리기

★ 컴퍼스를 이용하여 반지름이 다음과 같은 원을 그려 보세요.

1

1 cm

2 cm

2

1 cm

3 cm

★ 컴퍼스를 이용하여 반지름이 다음과 같은 원을 그려 보세요.

3

2 cm

4

4 cm

도형·측정편

32a

원 그리기

🐸 지름이 ☐ cm인 원 그리기

★ 컴퍼스를 이용하여 지름이 다음과 같은 원을 그려 보세요.

1

6 cm

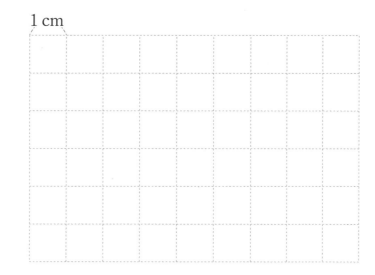

2

4 cm

★ 컴퍼스를 이용하여 지름이 다음과 같은 원을 그려 보세요.

3

8 cm

4

6 cm

원 그리기

🐸 주어진 선분을 반지름으로 하는 원 그리기

★ 주어진 선분을 반지름으로 하는 원을 그려 보세요.

1

2

영역별 반복집중학습 프로그램

★ 주어진 선분을 반지름으로 하는 원을 그려 보세요.

3

•━━━━━━━━━•   •

4

•━━━━━•   •

도형·측정편

34a

원 그리기

이름 :
날짜 :
시간 :   :   ~   :

🐸 주어진 원과 크기가 같은 원 그리기

★ 컴퍼스를 이용하여 주어진 원과 크기가 같은 원을 그려 보세요.

1

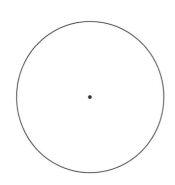

2

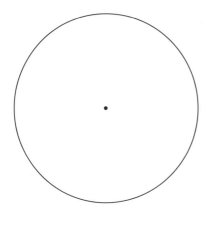

★ 컴퍼스를 이용하여 주어진 원과 크기가 같은 원을 그려 보세요.

3

4

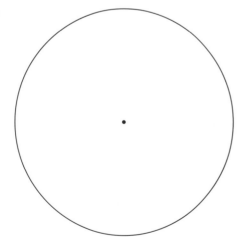

여러 가지 모양

🐸 **주어진 규칙에 맞는 모양 찾기**

★ 그림을 보고 물음에 맞는 것을 찾아 기호를 써 보세요.

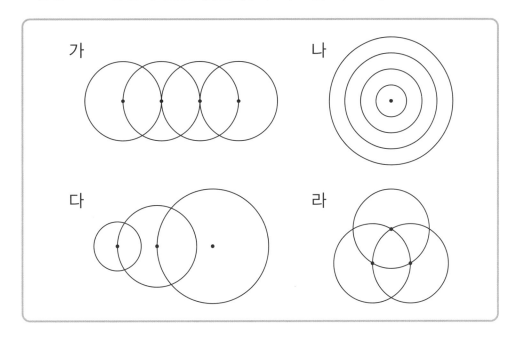

1 원의 중심을 옮기지 않고 그린 것은 어느 것인가요?

(   )

2 원의 반지름을 같게 하여 그린 것을 모두 찾아 기호를 쓰세요.

(   )

3 원의 중심을 옮겨 가며 반지름을 다르게 하여 그린 것은 어느 것인가요?

(   )

★ 그림을 보고 물음에 맞는 것을 찾아 기호를 쓰세요.

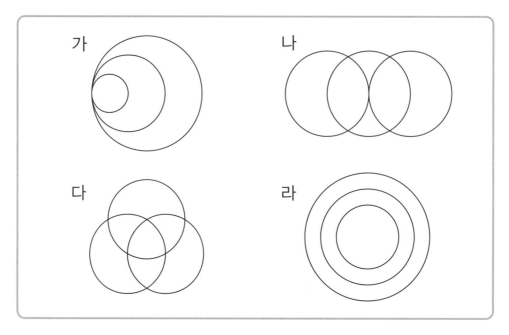

4 원의 중심을 옮기지 않고 반지름을 다르게 하여 그린 것은 어느 것인 가요?

(   )

5 원의 중심을 옆으로 옮겨 가며 반지름을 같게 하여 그린 것은 어느 것 인가요?

(   )

6 원의 중심을 옮겨 가며 반지름을 다르게 하여 그린 것은 어느 것인가요?

(   )

여러 가지 모양

이름 :
날짜 :
시간 : : ~ :

 주어진 모양을 보고 규칙 알아보기

★ 그림을 보고 원을 그린 규칙을 설명해 보세요.

1

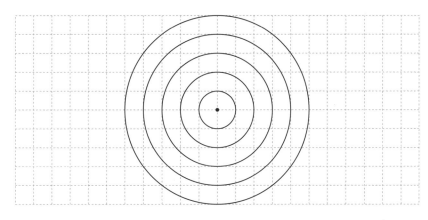

규칙 _____

_____

2

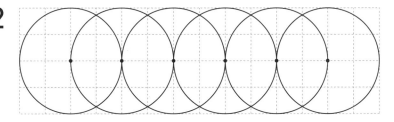

규칙 _____

_____

★ 그림을 보고 원을 그린 규칙을 설명하세요.

3

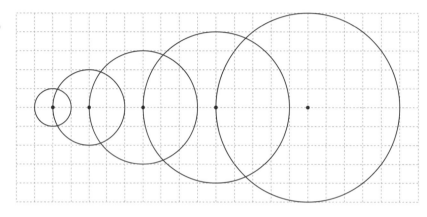

규칙 _____

_____

4

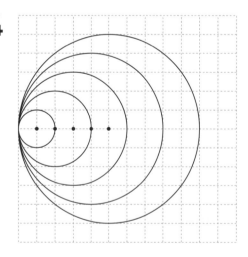

규칙 _____

_____

도형·측정편
37a

여러 가지 모양

이름 :
날짜 :
시간 :   :   ~   :

🐸 규칙을 찾아 모양 완성하기

★ 규칙에 따라 원을 2개 더 그리고, 그린 방법을 설명해 보세요.

1

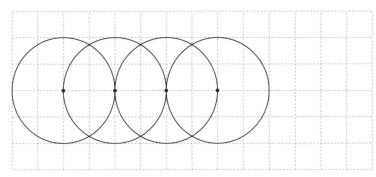

방법 _____

_____

2

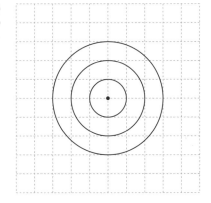

방법 _____

_____

★ 규칙을 만들어 원을 2개 더 그리고, 그린 방법을 설명해 보세요.

3

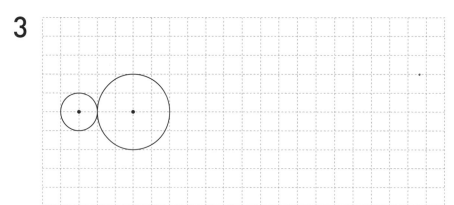

방법 _____

_____

4

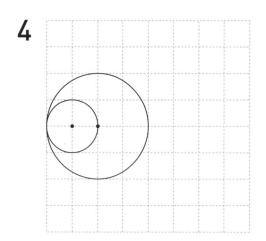

방법 _____

_____

도형·측정편

38a

여러 가지 모양

이름 :

날짜 :

시간 :   :   ~   :

🐸 원의 중심 찾기

★ 다음과 같은 모양을 그리려고 할 때, 원의 중심이 되는 곳에 점을 모두
   찍어 보세요.

1
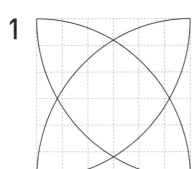

2
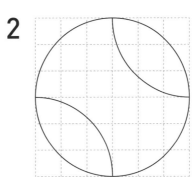

3
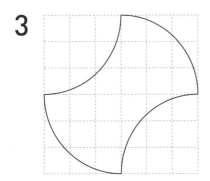

4
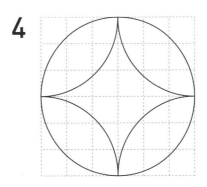

★ 다음과 같은 모양을 그리려고 할 때, 원의 중심이 되는 곳은 모두 몇 군데인지 알아보세요.

5

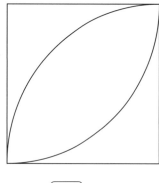

◻군데

6

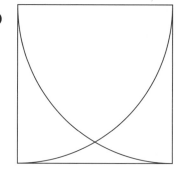

◻군데

7

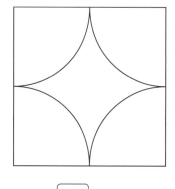

◻군데

8

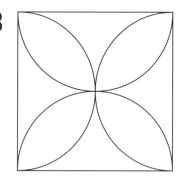

◻군데

여러 가지 모양

이름 :

날짜 :

시간 :   :   ~   :

🐸 주어진 모양과 똑같이 그리기 ①

★ 자와 컴퍼스를 이용하여 왼쪽 모양과 똑같은 모양을 그려 보세요.

1

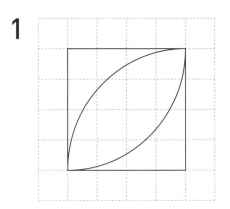 ➡

2

➡

★ 자와 컴퍼스를 이용하여 왼쪽 모양과 똑같은 모양을 그려 보세요.

3

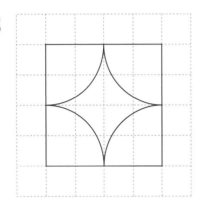 →

4

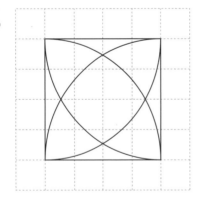 →

도형·측정편

40a

여러 가지 모양

이름 :

날짜 :

시간 :   :   ~   :

🐸 주어진 모양과 똑같이 그리기 ②

★ 원을 이용하여 왼쪽 모양과 똑같은 모양을 그려 보세요.

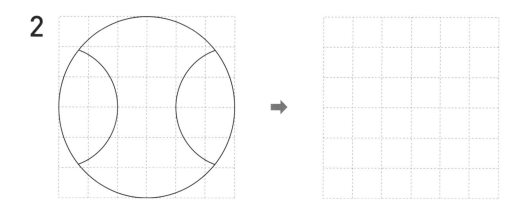

1

2

영역별 반복집중학습 프로그램

★ 원을 이용하여 왼쪽 모양과 똑같은 모양을 그려 보세요.

3

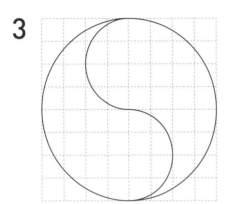 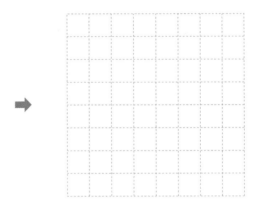

4

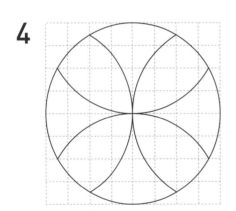 

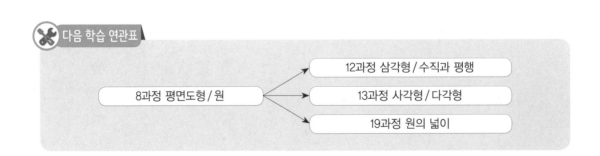

다음 학습 연관표

	12과정 삼각형 / 수직과 평행
8과정 평면도형 / 원	13과정 사각형 / 다각형
	19과정 원의 넓이

기탄영역별수학 | 도형·측정편

기탄영역별수학
도형·측정편

성취도 테스트

8과정 | 평면도형/원

이름			
실시 연월일	년	월	일
걸린 시간		분	초
오답 수			/ 12

기초부터 탄탄하게
기탄교육

8과정 성취도 테스트

1 도형의 이름을 써 보세요.

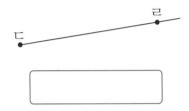

2 각이 있는 도형을 찾아 ○표 하세요.

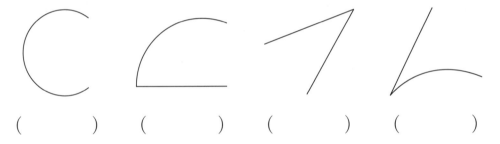

(   )   (   )   (   )   (   )

3 점들을 서로 이어서 각 ㄴㄷㄹ을 그려 보세요.

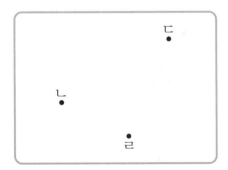

4 직각이 가장 많은 도형을 찾아 ○표 하세요.

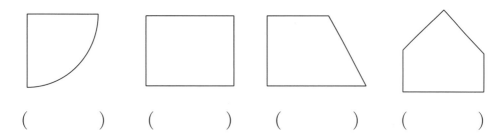

(   )   (   )   (   )   (   )

5 주어진 선분을 이용하여 직각삼각형을 그리려고 합니다. 선분의 양 끝 점을 어느 점과 이어야 할까요? ······························· (   )

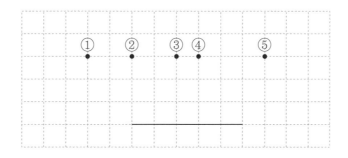

6 점 종이에 주어진 선분을 한 변으로 하는 직사각형을 그려 보세요.

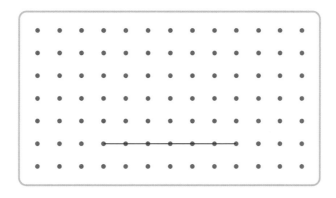

7 그림에서 찾을 수 있는 크고 작은 정사각형은 모두 몇 개인지 알아보세요.

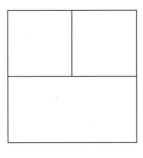

(   )개

8 그림을 보고 원의 중심, 반지름, 지름을 찾아 써 보세요.

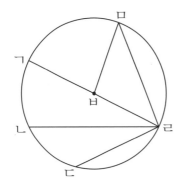

원의 중심 (   )
원의 반지름 (   )
원의 지름 (   )

9 ☐ 안에 알맞은 수를 써넣으세요.

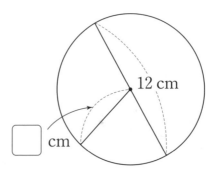

10 그림을 보고 큰 원의 지름을 구해 보세요.

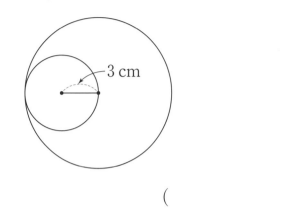

(   ) cm

11 원의 중심을 옮겨 가며 반지름을 다르게 하여 그린 것은 어느 것인지 기호를 써 보세요.

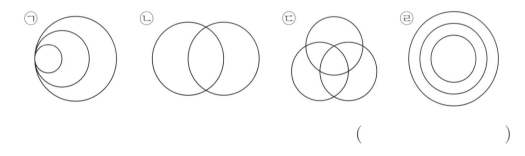

(   )

12 자와 컴퍼스를 이용하여 왼쪽 모양과 똑같은 모양을 그려 보세요.

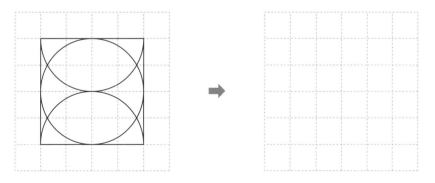

8과정 | 평면도형 / 원

번호	평가 요소	평가 내용	결과(O, X)	관련 내용
1	선의 종류	선의 종류를 알고 이름을 쓰는 문제입니다.		3a
2	각 알기	각이 무엇인지 알고 각을 찾아보는 문제입니다.		5a
3		점들을 이어 각을 그려 보는 문제입니다.		7a
4	직각 알기	직각을 알고 도형 안에 직각이 몇 개인지 찾아보는 문제입니다.		11a
5	직각삼각형 알기	직각삼각형을 알고 직각삼각형을 그릴 수 있는지 확인해 보는 문제입니다.		13a
6	직사각형 알기	직사각형을 알고 직사각형을 그려 보는 문제입니다.		16a
7	정사각형 알기	정사각형을 알고 그림에서 찾을 수 있는 정사각형은 몇 개인지 알아보는 문제입니다.		20b
8	원의 요소	원의 요소인 원의 중심, 반지름, 지름을 찾아보는 문제입니다.		21a
9	원의 성질	원의 지름과 반지름 사이의 관계를 알아보는 문제입니다.		26a
10		원의 성질을 활용하여 주어진 큰 원의 지름을 구하는 문제입니다.		29a
11	여러 가지 모양	원으로 이루어진 여러 가지 모양의 규칙을 알고 조건에 맞는 모양을 찾아보는 문제입니다.		35a
12		자와 컴퍼스를 이용하여 주어진 모양과 똑같은 모양을 그려 보는 문제입니다.		39a

평가
기준

평가	□ A등급(매우 잘함)	□ B등급(잘함)	□ C등급(보통)	□ D등급(부족함)
오답 수	0~1	2	3	4~

• A, B등급: 다음 교재를 시작하세요.

• C등급: 틀린 부분을 다시 한번 더 공부한 후, 다음 교재를 시작하세요.

• D등급: 본 교재를 다시 구입하여 복습한 후, 다음 교재를 시작하세요.

1ab

1 가, 마, 아 / 나, 다, 라, 바, 사, 자
2 ( )(○)( )
3 ( )( )(○)
4 (○)( )( )

2ab

1 (○)( )( )
2 ( )( )(○)
3 ( )(○)( )
4 ( )( )(○)
5 ( )( )(○)
6 (○)( )( )

3ab

1 선분 ㄱㄴ 또는 선분 ㄴㄱ
2 반직선 ㅂㅁ
3 반직선 ㄷㄹ
4 직선 ㄹㅁ 또는 직선 ㅁㄹ
5 직선 ㅅㅇ 또는 직선 ㅇㅅ
6 선분 ㄷㄹ 또는 선분 ㄹㄷ
7 반직선 ㄴㄱ
8 반직선 ㄱㄴ

4ab

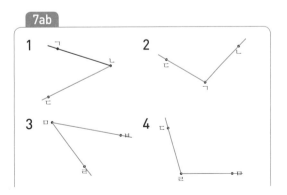

5ab

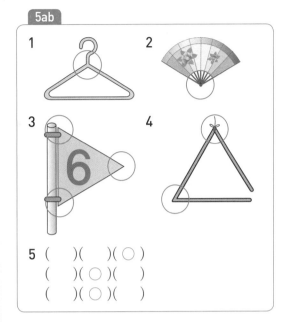

5 ( )( )(○)
  ( )(○)( )
  ( )(○)( )

6ab

1 각 ㄱㄴㄷ 또는 각 ㄷㄴㄱ
2 각 ㄹㅁㅂ 또는 각 ㅂㅁㄹ
3 각 ㄷㄹㅁ 또는 각 ㅁㄹㄷ
4 각 ㅁㅂㅅ 또는 각 ㅅㅂㅁ
5 각 ㄴㄷㄹ 또는 각 ㄹㄷㄴ
6 각 ㄷㄹㅁ 또는 각 ㅁㄹㄷ
7 각 ㅇㅈㅊ 또는 각 ㅊㅈㅇ
8 각 ㅁㅂㅅ 또는 각 ㅅㅂㅁ

7ab

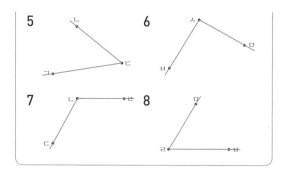

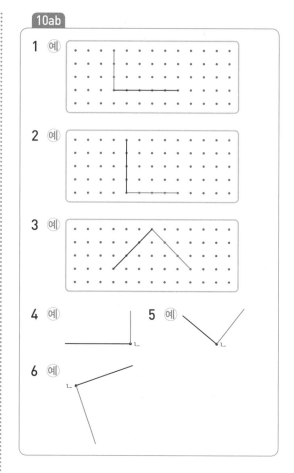

8ab

1 1	**2** 2	**3** 4	**4** 7	
5 ㉡	**6** ㉢	**7** ㉡		

〈풀이〉

5 ㉠ 1개, ㉡ 5개, ㉢ 0개, ㉣ 2개

6 ㉠ 4개, ㉡ 1개, ㉢ 5개, ㉣ 3개

7 ㉠ 3개, ㉡ 5개, ㉢ 4개, ㉣ 1개

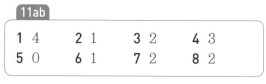

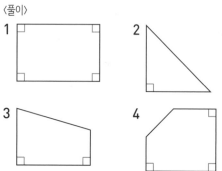

9ab

1 ( )(○)( )
2 ( )( )(○)
3 (○)( )( )

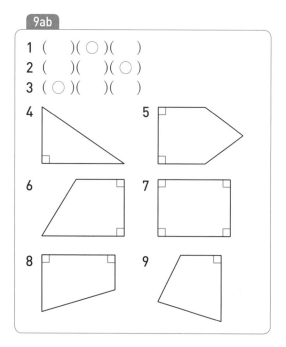

11ab

1 4	**2** 1	**3** 2	**4** 3
5 0	**6** 1	**7** 2	**8** 2

〈풀이〉

5
6

직각인 부분 없음

7
8

12ab

1 (   )(○)(   )
2 (   )(   )(○)
3 (   )(   )(○)
4 가, 다   5 나, 라   6 가, 라

13ab

1 ③   2 ②   3 ③
4 예

5 예

6 예

14ab

1 2   2 2   3 3   4 4
5 3   6 3   7 5   8 5

〈풀이〉

5 에서 찾을 수 있는 직각삼각형은

①, ②, ①+②의 3개입니다.

6 에서 찾을 수 있는 직각삼각

형은 ①, ②, ③의 3개입니다.

7 에서 찾을 수 있는 직각삼각형은

①, ②, ③, ①+②, ②+③의 5개입니다.

8 에서 찾을 수 있는 직각삼각형은

①, ②, ③, ④, ①+②+③+④의 5개입니다.

15ab

1 (○)(   )(   )
2 (   )(○)(   )
3 (   )(○)(   )
4 가   5 나   6 가

16ab

1 예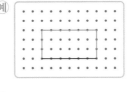

2 예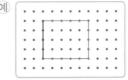

도형·측정편

영역별 반복집중학습 프로그램

3 예
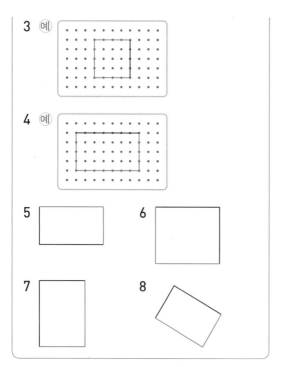

4 예

5
6
7
8

17ab

1 4	2 3	3 4	4 5
5 3	6 6	7 5	8 9

〈풀이〉

5 ① ② 에서 찾을 수 있는 직사각형은

①, ②, ①+②의 3개입니다.

6
①
②
③
에서 찾을 수 있는 직사각형은

①, ②, ③, ①+②, ②+③, ①+②+③의 6개
입니다.

7
②
① ③
에서 찾을 수 있는 직사각형은

①, ②, ③, ①+③, ②+③의 5개입니다.

8
① ②
③ ④
에서 찾을 수 있는 직사각형은

①, ②, ③, ④, ①+②, ③+④, ①+③,
②+④, ①+②+③+④의 9개입니다.

18ab

1 (○)(   )(   )
  (   )(   )(○)
  (   )(○)(○)

2 가, 마   3 나, 다

19ab

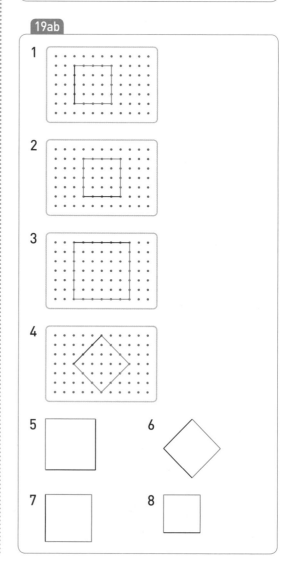

5
6
7
8

20ab

1	4	**2**	3	**3**	6	**4**	2
5	5	**6**	8	**7**	14	**8**	7

〈풀이〉

5 작은 정사각형 4개, 작은 정사각형 4개로 이루어진 큰 정사각형 1개 → 모두 5개의 정사각형을 찾을 수 있습니다.

6 작은 정사각형 6개, 작은 정사각형 4개로 이루어진 큰 정사각형 2개 → 모두 8개의 정사각형을 찾을 수 있습니다.

7 작은 정사각형 9개, 작은 정사각형 4개로 이루어진 중간 크기의 정사각형 4개, 작은 정사각형 9개로 이루어진 가장 큰 정사각형 1개 → 모두 14개의 정사각형을 찾을 수 있습니다.

8 작은 정사각형 6개, 작은 정사각형 4개로 이루어진 큰 정사각형 1개 → 모두 7개의 정사각형을 찾을 수 있습니다.

21ab

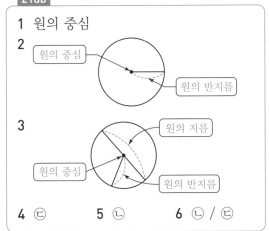

1 원의 중심

2 원의 중심 / 원의 반지름

3 원의 지름 / 원의 중심 / 원의 반지름

4 ㉢ **5** ㉡ **6** ㉡ / ㉢

22ab

1	4	**2**	12	**3**	6	**4**	5
5	7	**6**	10	**7**	9	**8**	6

23ab

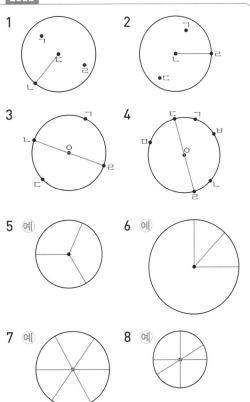

24ab

1	2, 2, 2	**2**	6, 6, 6	**3**	2, 5 / 5
4	1 / 2	**5**	1, 5 / 3		

25ab

1	2	**2**	4	**3**	7	**4**	3
5	4	**6**	6	**7**	10	**8**	8

26ab

1	6	**2**	10	**3**	8	**4**	18
5	14	**6**	12	**7**	20	**8**	16

27ab

1 7　　**2** 4　　**3** 3　　**4** 9
5 6　　**6** 5　　**7** 13　　**8** 10

28ab

1 8, 4　　**2** 24, 12　　**3** 10, 5
4 12, 6　　**5** 6, 3　　**6** 20, 10

29ab

1 12　　　**2** 24　　　**3** 36
4 8　　　**5** 6　　　**6** 8

〈풀이〉

1 큰 원의 반지름은 3+3=6 (cm)이고, 지름은 6+6=12 (cm)입니다.

2 작은 원의 지름은 4+4=8 (cm)이고, 큰 원의 지름은 8+8+8=24 (cm)입니다.

3 큰 원의 반지름은 10+8=18 (cm)이므로 지름은 18+18=36 (cm)입니다.

4 가장 큰 원의 반지름은 가장 작은 원의 반지름과 중간 원의 반지름의 합이므로 6+2=8 (cm)입니다.

5 가장 큰 원의 지름은 4+8=12 (cm)이므로 반지름은 12÷2=6 (cm)입니다.

6 중간 원의 반지름은 2+2=4 (cm)이고, 가장 큰 원의 반지름은 4+4=8 (cm)입니다.

30ab

1 3　　**2** 2　　**3** 1　　**4** 4
5 4　　**6** 8　　**7** 6　　**8** 2

31ab

1 예　1 cm

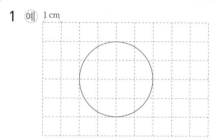

2 예　1 cm

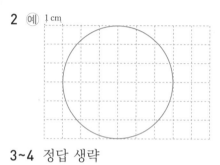

3~4 정답 생략

32ab

1 예　1 cm

2 예　1 cm

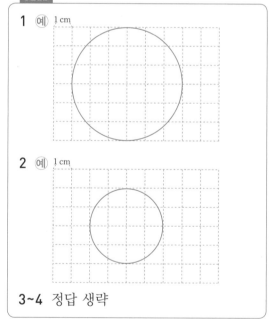

3~4 정답 생략

33ab

1~4 정답 생략

〈풀이〉

1~4 오른쪽 그림과 같이 컴퍼
스를 주어진 선분만큼 벌려
서 그것을 반지름으로 하여
원을 그려 줍니다.

34ab

1~4 정답 생략

〈풀이〉

1~4 오른쪽 그림과 같이
주어진 원 위의 한 점과
중심까지의 거리만큼
컴퍼스를 벌려서 그 간
격을 반지름으로 하는
원을 그려 줍니다.

35ab

1 나	2 가, 라	3 다
4 라	5 나	6 가

〈풀이〉

4~6 다 그림은 원의 중심을 여러 방향으로
움직이며 반지름을 같게 하여 그린 모양입
니다.

36ab

1 ⓔ 원의 중심을 옮기지 않고, 모눈종이
에 반지름을 1칸씩 늘려 가며 원을 그
렸습니다.

2 ⓔ 원의 중심을 오른쪽 옆으로 2칸씩
옮겨 가며 반지름을 같게 하여 원을 그
렸습니다.

3 ⓔ 원의 중심을 오른쪽 옆으로 2칸, 3
칸, 4칸, 5칸씩 차례로 옮기고, 반지름
도 1칸씩 늘려 가며 원을 그렸습니다.

4 ⓔ 원의 중심을 오른쪽 옆으로 1칸씩
옮기고, 반지름도 1칸씩 늘려 가며 원
을 그렸습니다.

37ab

1

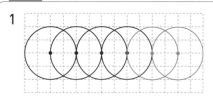

ⓔ 원의 중심을 오른쪽 옆으로 2칸씩
옮겨 가며 반지름을 같게 하여 원
을 그렸습니다.

2

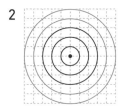

ⓔ 원의 중심을 옮
기지 않고, 반지
름을 1칸씩 늘려
가며 원을 그렸
습니다.

3 ⓔ

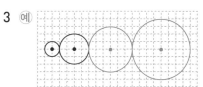

원의 중심을 오른쪽 옆으로 3칸, 5칸,
7칸……씩 차례로 옮기고, 반지름도
1칸씩 늘려 가며 원을 그렸습니다.

4 ⓔ

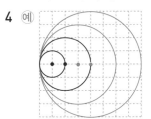

원의 중심을 오른쪽 옆으로 1칸씩 옮
기고, 반지름도 1칸씩 늘려 가며 원을
그렸습니다.

38ab

1
2

3
4

1
2

3

5 2   **6** 2   **7** 4   **8** 4

〈풀이〉

5
6

7
8

39ab

1~4 풀이 참조

〈풀이〉

1
2

3
4

40ab

1~4 풀이 참조

〈풀이〉

성취도 테스트

1 반직선 ㄷㄹ
2 ( ) ( ) (○) ( )
3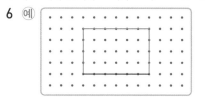

4 ( ) (○) ( ) ( )   5 ②
6 예

7 3
8 점 ㅂ / 선분 ㅂㅁ 또는 선분 ㅁㅂ /
선분 ㄱㄹ 또는 선분 ㄹㄱ
9 6   **10** 12   **11** ㉠   **12** 풀이 참조

〈풀이〉

7 작은 정사각형 2개, 큰 정사각형 1개
→ 모두 3개의 정사각형을 찾을 수 있습니다.

8 원의 반지름을 선분 ㄱㅂ, 선분 ㄹㅂ 등으
로 표현할 수도 있습니다.

12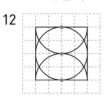